ボク　おしゃれ（幼犬の頃）

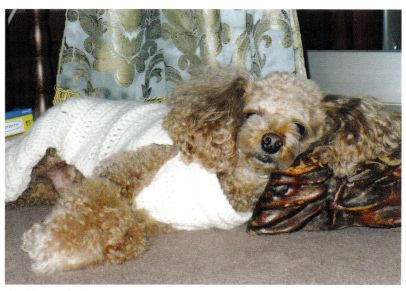

木の枕　いい気分

ボール遊びに疲れてひとやすみ

兄弟仲良し散歩

# 犬にとって一番幸せなことを考えなさい

——どうすればよいか、方法が思い浮かびます

阿部 孝子
Takako Abe

文芸社

## 出版によせて

　私は生物学者のロバート・ジョーンズと申します。現在は退職しています。愛犬家として50年以上にわたって犬を飼ってきました。そのため、この本が、犬を飼っているすべての方々が恐らく気が付きながら直接かかわる時がくるまで考えていなかった、気が動転するような事実を、きめ細かく取り上げている素晴らしい本であることがわかります。すなわち、生命の終わり、緩和ケアについて、著者は思いやりを持ちながら論理的に扱っていて、興味深く、有益で、読みたくなること請け合いです。

　著者である彼女と彼女のご主人は長年にわたり犬を飼ってこられた愛犬家ですから、事情がどうであれ犬が人間社会によく適応することや、犬の生涯、とくに避けることのできない生涯の終わり、つまり死をよく知っています。犬の飼い主が、あなたの犬は重症で、治癒の見込みはないと獣医から知らされたら、人により望む方法は異なるでしょうが、誰もが安らかな死を求める努力をすることでしょう。
　その期間は飼い主たちにとって、長い年月、家族の一員であった愛犬が、どれだけ深く自分たちのことを知っていたのだろうか、また、自分たちが悲しみ、苦悩しているときに、犬は何を考え、どう対応していたのだろうかと、しばしば自問する時間でもあります。
　犬の立場から見た場合、最後の一分まで治癒の望みをもつことは、よい考えとは言えないでしょう。自宅で、家族の見守るなかでの終末期ケアは、犬を愛しながら尊厳と安らかさをもって最終の呼吸（死）へと導くことでしょう。

著者は、徹底した調査と経験によって、犬の緩和ケアについて平易に説明した画期的な本を書き上げられました。この重要な問題と犬の飼い主の気持ちを、愛情をこめて注意深く取り扱っています。著者の勇気ある努力に対して、お祝いと感謝の言葉を申し上げます。

〈訳文／意訳〉

# PREFACE

I'm Robert Jones, a retired biologist, and a dog owner and lover for over 50 years. So, it was very soon apparent to me that this superb book deals very sensitively with an upsetting fact of which every dog owner is probably aware, but does not think about, until it is relevant and timely to do so. Namely, end of life or palliative care, which Takako Abe deals with sympathetically and logically, ensuring that it is interesting and useful, indeed compelling reading.

She and her husband, Shinichi, have owned and loved dogs for many years, so know just how well they adapt to human company, whatever the circumstances, as well as appreciating the facts of canine life, especially that final unavoidable fact of life, which is of course death. Once owners have been made aware by professional experts that their dog is very ill, with no hope of cure, then a peaceful death must always be strived for, in line with personal wishes, which will of course, vary. It is a time when owners often ask themselves just how well they have come to know their dog, even though she or he has been a companion, amidst family life, for many years? Also, what might a dog really be 'thinking' as well coping with this sad and distressing time for the owner?

And from a dog's perspective, rushing everywhere in the hope of 'last minute cures' is not a good idea. Instead, being at home, close to familiar people, end of life care will lovingly usher their dog towards its final breath, in dignity and comfort.

Takako's thorough research and her personal experiences have ensured a ground breaking book, which calmly explains palliative care to the lay person. From me, congratulations and many thanks to Takako for her brave efforts. She has handled this important issue, as well as the hearts and minds of dog owners, so soundly, lovingly and sensitively.

## はじめに

ボクは最後まで意識もしっかりしていた。歩行もできていた。
食欲もあって、おしっこだって一人でできた。
ちょっとベッドで昼寝をしているときに、
宇宙の引力によって連れて行かれたんだ。
ママがボクのそばにいてくれたので、安心したまま……。
「ママ、サイナラー」のひと声で。
あっぱれ、BON!!


私が本を出版することになるとは、思ってもいないことでした。しかし、愛犬の死に遭遇した悲しみから、どうしても書き残しておきたい楽しい思い出と、動物の医療はこれでよかったのかという疑問がふつふつと湧き出て、私を奮い立たせてくれました。
BONありがとう！　幸せをいっぱいプレゼントしてくれたBONとの出会いに感謝することが沢山あります。

BONは幸せだっただろうか？
飼い主が違っていたら？　これは、いつも自分に問うことです。
犬は飼い主を選べません。
BONが与えてくれた、言葉では言い表せないほどの深い愛に、私はどの程度応えてあげられたでしょうか？
犬の視点で飼い主が想像した言葉を会話風にしている箇所も沢山あります。私が受け取った愛情を伝えたかったからです。それから、犬との暮

らしの中で、犬を取り巻く環境の問題、動物の医療問題・薬害問題などについて疑問を書き残しておきたいと思いました。

あらゆる動物・植物の命の多様性と、生き物を取り巻く自然環境を守ることが、お互いの共存と幸せにつながると考えています。

特記すべきことは、人間の口から入る食材の化学物質・添加物などが体内に蓄積されると、癌細胞を傷つける原因になるとする研究が進んでいるということです。私は食生活における化学物質の危険性と汚染についてとても注意深く考えています。その点からも犬の食べ物や、犬を取り巻く環境に関心を持っています。

本のタイトルを『犬にとって一番幸せなことを考えなさい ── どうすればよいか、方法が思い浮かびます』としました。実は、この言葉は夫の30年来の友人のイギリス人、ロバート・ジョーンズ（BOB）先生からいただいたものです。先生にはメールを通して、BONのことでずいぶん相談にのっていただきました。第2章で先生と夫とのやりとりの一部を紹介しています。

阿部　孝子

犬にとって一番幸せなことを考えなさい
――どうすればよいか、方法が思い浮かびます

目　次

出版によせて …………………………………………………………… 2
はじめに ………………………………………………………………… 5

# 第1章　遊びの名人　BONの思い出 …………………… 11

BONという名前の由来 ……………………………………………… 12
ボール遊び、大好き！ ……………………………………………… 12
親（犬）バカ ………………………………………………………… 14
「ゾーサン」、持ってきて！ ………………………………………… 16
皇居へお散歩 ………………………………………………………… 18
江ノ電に揺られて …………………………………………………… 19
母の老人ホーム ……………………………………………………… 19
残雪の日のハプニング ……………………………………………… 20
兄弟愛 ………………………………………………………………… 21
ボクは運転手 ………………………………………………………… 25
ホットケーキ事件 …………………………………………………… 26
BONの誕生日（2017年6月11日） ………………………………… 28
LON〈弟〉の誕生日（2017年9月12日） ………………………… 29
3つのベッド ………………………………………………………… 30
夜、眠るときの儀式 ………………………………………………… 32
公園メニュー ………………………………………………………… 32
ボクの日記 …………………………………………………………… 33
病院の日 ……………………………………………………………… 34
ダイエット寒天カップケーキ ……………………………………… 35
ドッグホテルは退屈 ………………………………………………… 35
ボクはどこから来たの？ …………………………………………… 36
ビックリした！　魚がいないヨ …………………………………… 36

BONの質問 ………………………………………………………… 39

## 第2章　BOB先生とご家族との出会い …………………… 41

BOB先生と夫とのメールの交換 ……………………………… 43

## 第3章　BONの病歴 …………………………………………… 51

突然の別れ ………………………………………………………… 59
BONの病歴を振り返って ……………………………………… 59
欧米での犬の緩和ケア …………………………………………… 60

## 第4章　動物病院は何か違うのでは ……………………… 63

老犬の治療 ………………………………………………………… 64
自宅介護を決心する ……………………………………………… 66
私の選択肢として参考になったこと …………………………… 66

## 第5章　人と動物が豊かに暮らせる環境を ……………… 69

公園活動を始めたいきさつ ……………………………………… 70
ワンワンクラブ発足 ……………………………………………… 71
安心・安全な公園を守っていきたい …………………………… 74
犬の散歩と農薬について〈除草剤で癌になった犬の例〉 …… 75
除草剤の危険性について ………………………………………… 77
殺虫剤は犬にとって毒性が非常に強い ………………………… 78
犬の食材に含まれる危険な添加物 ……………………………… 79

## 第6章　犬のしつけ、諸外国と比べて ……………… 81

犬の幼稚園 …………………………………………… 82
犬のしつけの学校（ドイツ）………………………… 83
飼い主の教育　なぜ大切でしょう …………………… 84
犬の動物的本能を知る ………………………………… 85
「犬の十戒」…………………………………………… 86

## 第7章　回想録 ……………………………………… 89

おわりに ………………………………………………… 95
参考ホームページ・文献 ……………………………… 97

第1章　遊びの名人　BONの思い出

## 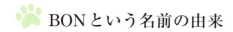 BONという名前の由来

ボンジュール！　ボクはトイ・プードルのBON。フランス系の犬です。
体長40cm、体重3.8kg。色はブラウン。名づけ親はママです。
BONという名前はフランス語のbonjour（ボンジュール＝こんにちは）
のbonと、good boy（良い子）のgood＝bonという意味です。
「ボン」と2音で呼びやすく、
お友達にすぐに覚えてもらえるように付けたそうです。


## ボール遊び、大好き！

ある日、BONはソファーの上で遊んでいた。
見ると、キッチンラップの円筒の芯の中に、
直径3.5cmのボールを通すために何度もボールを口にくわえたり、
前足で転がしたりしている。
30分以上かけて、とうとう成功させた。すごい集中力！
「おめでとう。よくやったね！」
全身を撫でてやった。彼はシッポを振って、笑い顔（口角が上がる）。
「やったー！」
一度覚えると、面白くなって、どんどん大きなボールを大きな筒へ……。
筒の途中でボールが止まってしまい、先から出ないときは、
筒の入り口を口でくわえて持ち上げてボールを出す方法まで覚えた。

散歩の時はいつも柔らかいボールを口にくわえて歩いた。

途中、道路工事のために道端に並べて置いてあった土管を見て、
土管の中にボールを入れようとして、私と夫は大笑いしたこともあった。

小さなボールで私たちを困らせたことがある。
ボールをくわえて、家具の隙間や床との間、ソファー、
マッサージ・チェアーなど、
ところかまわず奥のほうに入れてしまうのである。
自分では取り出せない。
「ボクの大事なボールを取ってヨ」
しつこく、ワンワン！
「しょうがないわね」
私たちは隙間に入る長さ40cmくらいの竹の"魔法棒"を持って、
腰をかがめて、「どこよ、どこよ」。
この子にはいつもこき使わされる。

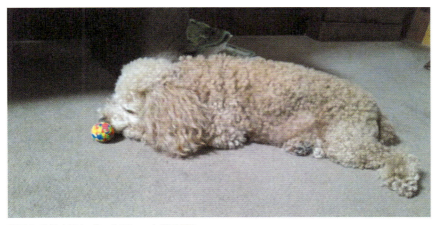

寝るときは大事なボールはいつも顎の下に

大事なボールは寝るときも顎の下に入れている。
可愛い寝顔を見せてくれる。
ボール探しの疲れも吹き飛んでしまう。

可愛さは幼犬から老犬になっても同じ。顔が少し白くなるが、
顔つきと表情のしぐさは幼犬のままで変わらない。犬の長所と思われる。

## 親（犬）バカ

BONにとって、このボールは大切な宝物。
お馴染みのデパートのペット用品売り場がなくなるときには、
まとめて25個も買ってしまった。
その後、遊びの中で少しずつ無くしてしまい、
今、BONの眠る写真の前には、
いっしょに遊んだ6個のボールが供えられている。
彼の行動をよく知っているボールたちだ。
BONはペットショップで売っているゴム製のボールと
グッズに大変興味を持っていた。
夫が仕事帰りに毎週2〜3個買って帰っていたので、
夫の帰宅時間になると、いつも玄関で待っていた。
また、目黒川沿いを散歩するときは、近くのペットショップに寄り、
「ごほうび」といって、1つ、2つ買い求めた。
お見事！　籠いっぱいになり、店員さんから、
「BONちゃんの持っていない新しいグッズはもう店にはありません」

とまで言われてしまった。
グッズも袋いっぱい持っていた。
ほかのワンちゃんにあげたりしても、また増える始末。
大好きなボールは、どこに買いに行っても家にあるものばかり。
「こんなに与えて良いのだろうか」と自問自答。
喜ぶ顔が見たくて、ついつい甘やかしてしまう親（犬）バカである。

BONはキャッチボールが大好き。
柔らかいボールを投げてやると、口で受けて、
走って私のところに持ってくる。
この繰り返しが面白くて、子供たちが帰った薄暗い広いグラウンドに
ポツンと一人。それでも帰ろうとしない。

私は出口のフェンスに隠れてBONが来るのを見守っていたが、
BONは反抗の姿勢で、動く気配がない。
「またあした遊びましょう」
と、駄々っ子をなだめるようにして連れ帰っていた。

クローバーの葉っぱと花を体に感じて

## 「ゾーサン」、持ってきて！

（♩.♪♩　　♩.♪♩……）
「ゾーサン、ゾーサン、お鼻が長いのね、持ってきて！」
これもBONとの遊びの一つ。

新しいグッズに夢中になり、一つずつ名前を覚えて、
ゾーサン、ウルトラマン、亀さん、カネゴン、ピヨピヨ、
シューズ・シューズ、ライオン、ミニチャン、キリンさん、
ブタさん、赤ちゃん……と、10個は覚えた。
「カネゴン持ってきて！」
というと、籠の中にたくさんあるおもちゃの中から探して、
カネゴンを口にくわえて見せる。

「こんなにいっぱいある中からよく見つけたわね。
いい子、いい子、Good Boy！」
褒められて、目を細めて、舌を長く出して得意顔。
この繰り返しで、私たちは飽きもせずに相手をしていた。

## 皇居へお散歩

「今日、どこに行くの？」
「お天気で風もなく、暖かいから皇居へ行きましょう。バスに乗って」

「広々とした芝生だね。松も並んでいてキレイ。
キャッチボールして遊ぼうか」
BONは、枯れ松葉が落ちてチクチクする芝生の上を、
駆け足でボールを受けたり拾ったり。楽しくて足が地から浮いている。
私たちが投げたボールが、松の木の枝に引っかかってしまった。
「どうしよう。困ったな」
別のボールをぶつけて落とした。よかった!!

皇居前。BONはこの芝生が大好き。ママの手のボールに注目

BONは皇居がすっかり気に入ったようだ。
「毎週、ここで遊ぼうか」


## 江ノ電に揺られて

江ノ電でガタ、ガタ、ガタン。広いところに来た。
海だ！　砂浜が海水でぬれていた。
波が寄せたり、返したり。
そのたびにしぶきが飛んできたり……。
BONは片足を水につけてびっくり！
「ヤダー、ヤダー。なんだ？　怖いー！」
しめしめ。たまには脅してやろう。


## 母の老人ホーム

100歳のお祝いのため、老人ホームの集会室に親戚が集まった。
主役のおばあちゃんを囲んでパーティー。
「隣の椅子はボクの席だ」
指定席とばかり、BONは離れようとしない。
毎週、訪問のたびにかわいがってもらっていたので、
おばあちゃんが大好きだ。
抱っこされて、いい子、いい子されて、思いっきり甘えている。
そんなBONに、皆はびっくり。

おばーちゃん　大好き

## 残雪の日のハプニング

　2日前に関東地方に降った大雪のため、目黒川沿いの散歩道には所どころ白い雪が残り、空気が冷たい日。
夫がBONを胸元のバッグに入れて、お散歩に出かけた。
しばらくして、ドアを開けて入るなり、
「凍った道で滑って転んだ」と言った。
夫は口から出血し、前歯も2本折れていて心配だった。
バッグの中のBONには変わりはない様子。
よく聞いてみると、滑ったときに抱きかかえていた手を放さず、顔から道に倒れ込んだらしい。とっさにBONをかばったようだ。

BONは心配そうな目つきで、パパの傷口をペロペロ舐めていた。
「パパ、ごめんね。いきなりパパにしがみついて。
そしたら、パパはボクを抱いたまま倒れたんだ」

目黒川散歩道。大雪の2日後、パパは凍った雪道ですべってころんだ。でもボクは無事だった

 兄弟愛

ボクは15歳、弟のLONは2歳のトイ・プードル。
ボクは3月に入院して以来、めっきり弱い体になっちゃった。
でも、散歩が大好き。お友達にも会いたい。
道の端々や、草にオシッコで臭いをつけて、

ボクは頭の中に地図を描いているんだ。

弟のLONがボクの家に来たときはびっくり。
ケージの中の小屋の上によじ登ったり、ひっくり返したり。

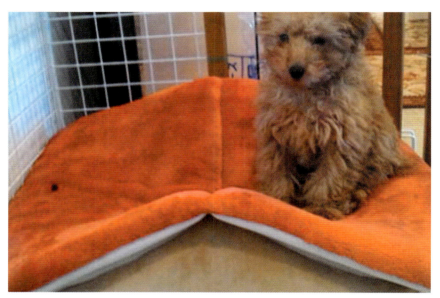

屋根の上のLON

何でもかんでも噛みつき、
縫いぐるみの目はみんな引きちぎられてボロボロ。
手当たり次第、小さな真っ白い、とがった歯で噛む。
ママの足を靴下の上から噛んで靴下を脱がせ、その靴下で遊んでいる。
ボクはそんなことよりボール遊びが大好きなだけ。
今は白内障でボールが見えにくいヨ。

LONの卒業証書

LONはエネルギーがいっぱいのいたずらっ子のヤンチャ。
パパとママが困って、
パピーのための「犬のようちえん」に週2回通わせちゃった。
幼稚園では皆と集団で遊び、少し勉強もして、
散歩はLONの大好きなトレーナーの先生と一緒だそうだ。

朝起きるとボクのそばに来て、
「お兄ちゃん、おはよう。大丈夫？」
と、心配顔で背伸びして「チュッ」としてくれるんだ。
ボクはとっても弟が可愛くて、いたずらも許してしまうヨ。

どんぐり公園。BON「今日はお友達いないネ」LON「早くおやつちょうだい」

散歩で公園に行くときも一緒で、ボクは帰り道はカートに乗り、
弟はカートの脇をチョコチョコ歩くんだ。
公園のベンチに腰かけて、
パパからおやつをもらって、お水を飲んでいると、LONは、
「ボクのお兄ちゃんだーイ!」
と強がって友達に言って、嬉しそう。
ボクは若くないので弟がいると心強いネ。
ボクと弟にしかわからない会話をして
こうしてボク達は家族に見守られて安心だネ。
 (この幸せが、いつまでもいつまでも続きますように、
とママは願っています。)

LONが我が家にやってきて、
最初は「君は何者か？」とBONはとまどっていたようです。
家族が増えて私たちは幸せですが、
また試行錯誤して個性が違う犬と
好奇心をもって暮らすことになりました。

 ボクは運転手

ママが歌っている。「♪運転手は君だ。車掌は僕だ♪」。
どんぐり公園までもうすぐダ。
ボクは心臓が弱くなって、歩くのがゆっくりで、

立ち止まっている。この様子を聞いて、ママの娘が、
ベビーカーのような大きなドッグカーをプレゼントしてくれた。
広めのカーの中で、風を切って前足を掛けて、
ボクが前だ、LONは後ろだ。
ごたごたもめていると、ママが座布団で中を仕切ってしまった。
ママ考えたネー！


## ホットケーキ事件

「ママー、大変ダ！
大きなミッキーマウスの縫いぐるみの下に隠した
大好きなホットケーキがないヨ」
BONは困った様子で縫いぐるみの下に鼻を突っ込み、
「ここだ、ここだ」としつこくその場を離れない。
私たちは何度も縫いぐるみをどかしてみせるが、いっこうに諦めない。
1日後にも、4日後にも同じ行動をするので、
ホットケーキを作って与えると、美味しそうに少し食べた。
その頃はすでに終末期であり、たくさんは食べなかった。
その後も、ホットケーキの行方を「ここに隠したんダ」と、
知らせていた。
「BONの勘違いね」と言っても、わからない。

彼の死後気が付いたことは、
確かにホットケーキを隠した場所に匂いは残っていて、

目付きがきつくなり体が細くなった

犬の嗅覚でわかったのだろう。
彼は、目は見えにくいから鼻が頼りだった。
家具に身をすり寄せて歩く姿が痛々しかった。
白内障により視覚が衰えて、嗅覚に頼っていたことに
私が気付かなかった。
「ごめんね、BONちゃん。そんなにお気に入り?」

確か生まれて初めてのおやつが、私の手づくりのホットケーキだった。
ずーっとその味を覚えていたのね。
三角に切った大好きなケーキを口にくわえて、
「どこにしようかな?」と、あっちこっちと
私たちの知らない所に隠しておいて、覚えていたBON。

## BONの誕生日（2017年6月11日）

BON、15歳。おたんじょうび、おめでとう。
プレゼントの白いケーキで、LONとBONがお祝い。
LONは先に口をつけて、そっと食べる。
お祝いのためのケーキだから、ちょっとなめるだけ。
その様子をBONは横目で見るだけ。
「LON、おいしい？」
「おいしいよ、とっても。お兄ちゃん、食欲がないみたいだネ」
こんな会話をしているのでしょう。
病院通いで、すでに体力もなく、老化が加速していたBON。
今日の15個目のケーキが最後のように思えた。

# LON〈弟〉の誕生日（2017年9月12日）

LONはやんちゃで心配性の臆病者。
BONは貫禄があってマイペース。
面白い仲良し兄弟です。
BONは9月のLONの誕生日には、
弱い体ながらも兄弟でお祝いをすることができました。
「LONちゃんは2回目の誕生日ケーキだネ。
ボクはたぶん3回目は無理のようだ。
LON、そのときはパパとママとGood Boyでいてネ。
ボクはいつも"Good Boy！"と、頭をナデナデしてもらっていたんだ」
兄弟がじゃれあって、喧嘩もしないで過ごしていました。

その1カ月後に「さようなら」になるとは、私も思っていませんでした。
「お兄ちゃん、また病院かナ。早く帰ってきてヨ」
LONがベッドのBONの匂いを嗅いだり、部屋や風呂場の中を探す姿に、いたたまれない気持ちになります。

 3つのベッド

ボクにはベッドが3つあるヨ。
ママのベッドのとなりにボクの小さなベッドがあって、
パパのベッドのとなりにも同じようにベッドがあって、
夜はママの下、朝になるとパパの下で寝ているよ。
ボクはパパもママも好きだから半分こ。
もう一つはボクの生まれたときからある屋根付きの小屋なんだ。
その小屋はボクの隠れ家で、ママに叱られたときはちょっと身を隠す。
また、足やお腹が痛いときは、その中でじっとしのいでいることもある。
「どうしたの？」
と、ママが心配して手を出そうとしたときは、
「痛いから、ほっといてくれ」
と、歯をむき出して怖い顔をして、ママを追い返したりするんd。
ボクの痛さなんて誰にもわかんないヨ。
でも病気のときは、ママに抱っこされるのが安心だネ。

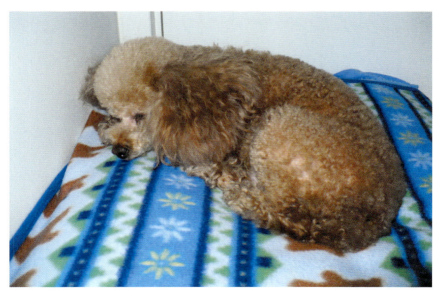

## 夜、眠るときの儀式

BONが幼犬の頃、しつけも兼ねてケージの中で寝かせていた。
眠りにつくまでの時間、何か音楽でも流しておこうと思いついたのが、
パティ・ペイジ（Patti Page）の歌う「ワンワン・ワルツ」
（"The doggie in the window"）だった。
歌の中に犬の鳴き声「ワン・ワン」がある。
パティ・ペイジの「テネシーワルツ」（"Tennessee waltz"）など、
女性のやさしい声は私も好きで、毎晩このCDを繰り返し聞かせていた。
その効果は定かではないが、気が付くと眠っていた。
お留守番のときは寂しくないようにと、
ラジオをつけたまま出かけていた。
人の声や音楽で、少しでも静けさを打ち消すように……。

 ## 公園メニュー

ボクには沢山の公園メニューがあるヨ。中目黒公園、目黒川近辺、林試の森公園、すずめのお宿緑地公園、碑文谷公園、駒沢公園、大井ふ頭中央海浜公園、宝来公園、多摩川台公園、ガス橋緑地、等々力渓谷公園、砧公園、西郷山公園、菅刈公園、世田谷公園、有栖川宮記念公園、どんぐり公園、猿町公園、高輪公園、亀塚公園、三田台公園、毛利庭園、雷神公園、芝公園、目黒不動尊などのお寺めぐり……。
うー、数えきれないヨ。
パパの肩に掛けたボク用のバッグの中で、

今日はどこの公園に行くんだろうと楽しくて、うきうき気分。
早くボール遊びがしたいヨ。
遠くの公園へバスやJRに乗って、
パパ・ママと一緒のときは外でお弁当を食べて、水を飲んだりして。
暖かい時は遠い所、寒い時は近くの公園に。
だいたいボクの思ったとおり。
パパ・ママ、疲れたネ。

##  ボクの日記

ある日、BONが夫と散歩から嬉しそうな顔で帰ってきた。
頭はお酢の匂いでプンプン。頭が"にぎり寿司"のようだ。

パパとお寿司屋さんのドアの前でじっと待っていたんだ。
マスターが気づいて、『BONチャン、来たか？』と、
ボクの頭をお酢の手でナデナデしてくれたんだ。
ボクはマスターにピョンピョン。
帰りにお寺さんのベンチで、パパとおやつを食べて一休み。
いくつもの公園を知っているヨ。
街角や草のところにボクのオシッコの臭いをつけて、
散歩の地図を頭の中に作っているんだ。
クンクン、お友達の匂いがするぞ。お友達も来たのかナ？
パパとママには内緒。

 病院の日

パパとママが出かける用意をしている。
話の内容から、どうもボクの病院に行くみたい。
「ボクは大嫌いだよ。先生とスタッフの人がボクを捕まえて、
痛いことして、無理に別の部屋で検査して……。
おとなしくしているけど、ここはイヤだ。
ママ、逃げたいよ〜。ワンワン」
（待合室まで聞こえるBONの声）
「助けて。ボクは嫌いだヨ。投薬と点滴と血液検査でデータ調べなんて。
ボクは死ぬほど嫌なんだ。パパ助けてヨ〜」

今日も病院だ。待合室が満席で入れないときは、
パパとママは暑い夏も寒い冬も、病院前の歩道で
ボクを抱っこして3時間も我慢している。
かわいそうだから、ボクはおとなしくして、わがまま言わないネ。
ほかの子も待っているヨ。

まだまだあるよ、辛かったこと。
入院中は狭いケージに入れられ、立つこともできない。
夜は寂しくて……。
おうちのボク用のタオルと布団のベッドで寝たいヨ。
一日がとっても長いんだ。いろいろな検査とか痛いこともあって。
鼻の中を通すチューブも大嫌い。

# ダイエット寒天カップケーキ

「ボクは中犬太り。
ボクにとって楽しみは、好きなものをお腹いっぱい食べることだ。
ボール遊びや走ることに興味が段々少なくなってきた。
ボクだってデブちゃんはかっこう悪いと思うヨ。
ママは体重が増えるから我慢しなさいと言って、
ボクがお腹が空いてイライラしないように、寒天ゼリーを作ってくれた。
毎日のおやつで、冷たいプリプリした食感が美味しくてたまらないネ」

BONは10歳過ぎ頃から中年（中犬）太りになりつつあった。
【食べ物の摂取カロリー】－【消費カロリー】
のバランスが悪くなり、代謝も低下している。
このままでは肥りすぎて、体重が関節に負担をかけると思い、
医療ダイエットフードと、ダイエットおやつを考えた。
鶏のささ身のゆで汁の中に、人参おろしと寒天（海藻の粉）を入れて、
温スープにしてカップに小分けして冷やす。
寒天ダイエットケーキをおやつにした。
それでも体重のコントロールは難しい。

 ## ドッグホテルは退屈

パパとママはボクをドッグホテルに預けてお出かけしたけど、
また外国の国際会議かな？

ボクは一緒に行けないの？
ドッグホテルは毎日が退屈でしかたがないヨ。
ドッグフードを食べて、散歩に行って……。いつも同じこと。
ホテルにはボクの宝物のボールもないヨ。
口でボールを運んで狭いところに入れて……、楽しいな。
ママには「困った子ね」と叱られるけどネ。
ドッグホテルの人たち、ボクのことわかってヨ。
お利口さんにするのも辛いネ。

 ボクはどこから来たの？

「ボクはどこから来たのかなー？」と聞いたら、
「ブリーダーのおじさんのところからよ」と、ママが教えてくれた。
あの日、予防注射が終わってから、ママがボクを大事そうに、
そっとケージに入れて、
「お家へ行きましょう。これからはいつも一緒よ、よろしくね」
と、ボクに挨拶したんだ。
それからずっと、ボクはパパとママに可愛がられて、幸せ。

 ビックリした！　魚がいないヨ

今日、大好きなボールを買いに、ママとペットショップに行ったんだ。
新しいボール、2個は欲しいよ。うれしくてウキウキ……。

## ドッグホテルのメニュー

| お名前 | 阿部ボンちゃん | チェックイン | 2015年9月21日（月） |
|---|---|---|---|
| メニュー | 宿泊預かり | チェックアウト | 2015年9月28日（月） |

| | ご予定 | | お預かり中の経過 |
|---|---|---|---|
| 9/21（月） | | | |
| 19：10 | チェックイン | 19：10 | チェックイン |
| | ＊様子を見て、おやつ・ごはん | 19：40 | おやつ（ササミ）→すぐ食べきる<br>ドライフード→食べませんでした |
| 9/22（火） | | | |
| 10：00 | ごはん（ドライフード：日付記載1包） | 7：00 | ごはん→完食しました<br>※昨晩食べなかったので時間を早めました |
| | | 8：30 | おしっこ |
| | | 10：25 | 〃 |
| | | 11：00 | 〃 |
| | | 13：40 | 〃 |
| 14～15時頃 | おやつ（一粒ずつ与える） | 14：00 | おやつ |
| | ＊お散歩（20～30分） | 16：00～ | お散歩（20分）：おしっこ・うんちをしました |
| 19：00 | ごはん（同上） | 19：00 | ごはん→完食しました |
| | | 19：15 | おしっこ |

ビックリした！　魚がいないヨ。
水槽のようなガラスケースには、お魚じゃなくて
ボクの赤ちゃん友達が入っていたんだ。
「この犬、欲しいよ〜。抱いてもいいの？」
と、子供が犬の赤ちゃんを抱っこして放さない。
その子のお父さん、お母さんも
「可愛いね」と、代わるがわる抱っこしていた。
犬の赤ちゃんはオッパイ飲んで寝ることもできない。
ガラスケースの中で"商品"として並べられているよ。

「イギリスではインターネットでブリーダーさんから
直接命のバトンタッチをしているのよ」
と、ママが言っていた。
「ママ、一緒に帰ってはダメなの、犬の赤ちゃんと？」
ママは泣き虫になって、黙ってしまった。

ペットショップで、「たまたま目と目が合ったので」とか「運命の出会いだった」などと、ガラスケースの中の子犬を買う人が多い日本。衝動買いをしたために飼うことができなくなって、放棄されることも増えているという。そうしたことを防ぐ意味もあって、ドイツやイギリスでは犬や猫の展示販売はされていない。

## 🐾 BONの質問

（１）どうしてボクが犬って決まっているの？
　　　犬でも猫でも豚でも、ボクには姿がわからないよ。
（２）どうしてボクたちを特別扱いするの？
（３）どうしてボクは一緒にレストランに入れないの？
（４）どうしたらボクをわかってもらえるの？
（５）どうやって自分の意志を伝えたらいいの？
（６）どうしてドイツのワンちゃんみたいに自由になれないの？
（７）どうしてボクがビクビクしちゃうほど、怖い病院に行かなければ
　　　ならないの？
（８）どうして公園で友達やママといっしょにボール遊びができないの？
（９）どうしてボク達の広い遊び場がないの？
（10）どうしてお散歩中に、ボク達の環境の中に有害なものがあるの？

どうしてクイズね（笑）。
ママはおバカさんだから即答は無理。
難しいね、環境問題。なんとか改善しましょう。

## 第 2 章　BOB先生とご家族との出会い

ロバート・ジョーンズ（BOB）先生は夫の30年来の友人で、生物学の先生です。私は夫について国際会議にたびたび出席することで、BOB先生のご家族とのお付き合いが始まり、ご自宅を何回も訪問させていただきました。
　BOB先生はいつもニコニコと穏やかで思いやりがあり、ウィットに富んでいて、周りの人たちを笑わせるような素敵な方です。
　日本で開かれた会議に出席されたBOB先生を私たちが京都や箱根へご案内した時に、2歳のBONと一度対面したこともあります。私たちがイギリスを訪問した時にはジャック・ラッセル・テリアの犬と庭でボール投げをして遊びました。とても思い出深い事です。お互いに犬を飼っている立場であり、BONのことで相談もよくしていました。
　BONが白内障の初期のころ、イギリスの中型犬などは手術をごく普通に行っていることを聞きました。しかし当時日本では、動物病院でも私の周りでも白内障の手術を経験した犬のことは聞いたことがありませんでした。
　イギリスの犬はパピーのときに、きちっとマナーを覚えさせる教育をごく当たり前にするそうです。犬の幼稚園（キンダーガーテン）に通う犬も多く、さらに飼い主は、飼い主として必要な教育を受けなければならないとのことです。
　BOB先生の家の近くには公園のような広々とした広場があって、人と中型犬が一緒に走りまわったり、子供たちはスポーツなどをして遊んでいました。

# BOB先生と夫とのメールの交換

　私は英語が得意ではないので、BOB先生とのメールのやり取りを夫が引き受けてくれました。
　先生と夫とは、ほとんど毎週のようにメールの交換をしています。
　ここではBONの病気に関係のあるメールのみ選んで掲載いたします。

## ●2017年3月9日　夫よりBOB先生へ

　BONに深刻な事態が生じました。
　咳が続くため動物病院を受診したところ、血液検査、心電図、レントゲン、超音波検査の結果、僧帽弁閉鎖不全によるうっ血性心不全と診断されました。
　半年前の「ドッグ・ドック検査」では心臓に異常はありませんでした。
　2種類の利尿剤と変換酵素阻害薬を処方されましたが、心不全は悪化し、おそらく利尿剤が効きすぎたためか、循環血液量の減少による急性腎不全（現在は急性腎障害といわれている）を併発して入院となりました。
　現在、呼吸困難はなく、食欲も普通です。
　今まで腎機能は正常でした。
　さらに入院後の検査で急性膵炎も併発していることが判明しました。
　BONは入院が大嫌いです。
　BONは14歳9か月の老犬で、手術の選択肢はなく、弁膜症の内科的治療には限度があり、このまま入院して治療すべきか、自宅でケアをして最期を看取るべきか迷っています。
　アドバイスがありましたら、ぜひともお願いします。

● **2017年3月11日　BOB先生からの返信**

　BONの重篤な病気を知り、大変お気の毒に思い、心配しています。

　BONは、今は生命を何とか長らえている状態であり、薬の効果も不確実で、状態が少しずつ進行することは避けられないでしょう。

　おっしゃる通り、手術は選択できません。

　BONの一番幸せなことを考えてください。どうすればよいか、方法が思い浮かびます。

　BONを幸せで、快適で、安全な状態に保つことが現時点での目的であり、この目的を達成できるのは自宅です。

　BONの好き嫌いや喜ぶことを熟知している飼い主のもとで、気の休まる状態で過ごさせることがBONにとって一番幸せだと思います。

　病気の犬を自宅でケアすることはとても大変なことですが、それができるかどうか、まず検討してみてください。

　私の考えがお役に立てばよろしいのですが……。

● **2017年3月15日　夫よりBOB先生へ**

　今日はうれしいニュースです。BONが退院しました。

　外観上は問題なく、食欲も良好です。

　うれしくて家の中を走り回っています。

　心不全と腎機能障害は治療食と薬でコントロールされています。

　急性膵炎はリパーゼの数値が正常になりました。

　問題は、薬の大嫌いなBONに7種類の薬を1日2回飲ませるのがとても大変なことです。

　好物の鶏肉やサツマイモの中に薬を埋め込んで与えるのですが、成功率は50％程度です。

予断を許しませんが、少し安心しました。

● 2017年3月16日　BOB先生からの返信

BONが退院できて本当によかったです。

結果からみて、与えられた薬が論理的に良かったのでしょう。

良い状態が長く続くことを祈ります。

お二人が注意深く世話をされたことと思いますが、どうぞケアを続けてください。

● 2017年8月27日　夫よりBOB先生へ

私たちはBONの世話で忙しい毎日を過ごしました。

7月下旬、BONは食事をまったく摂らなくなり、その後、水も飲まなくなって、一両日中に死ぬのではないかと思いました。

厳しい蒸し暑さのなかを動物病院へ連れて行くのはとても無理と考え、ナトリウム、クロール、カリウム、ブドウ糖、果糖、ショ糖などが少量ずつ含まれている「スポーツドリンク」を小さな注射器で少しずつBONの口の中に注ぎ込みました。

1日で70ml程度を数回に分けて飲ませるのがやっとでした。

身体はやせ細り、自分のトイレへ歩いていくときはよろよろしていました。

排便時、後ろ足で身体を支えることができず腰崩れになってしまうため、毎回、両手で支えてあげました。

夜中も2回くらい排泄のお手伝いをしました。

奇跡が起こりました。

6日目からは少量のゆでた鶏肉、ジャガイモや、電子レンジで処理し

たキャベツを食べ始め、今はドッグフードも食べるようになりました。
　よろよろしないで歩き、体重もかなり回復しました。
　7月中旬から薬をまったく飲んでいません。むしろ薬を止めてよくなった感じがします。

## ●2017年9月5日　BOB先生からの返信
　BONの状態が安定し、薬をまったく必要としないで良い状態を保っていることを知り、とてもうれしく思います。
　あなた方のBONのケアは素晴らしく、びっくりさせられます。
　自宅でケアをする方法はとても有益で、BONにとっても大変幸せなことだったでしょう。よくやりました！！

## ●2017年10月15日　夫よりBOB先生へ
　悲しいニュースです。
　BONは10月11日、午後3時頃、突然息を引き取りました。
　前日までほぼ毎日、短距離の散歩を楽しんでいました。
　11日の朝はいつも通り、ミルク、ゆでた鶏肉とジャガイモの朝食を残さず食べました。
　私は仕事の日でしたので、BONは玄関まで来て「いってらっしゃい！」と言いました。
　私はBONを抱っこして頭をなで、「行ってくるよ」と言って家を出ました。
　妻の話では、午後3時頃、突然ひと声叫び声をあげて息を引き取ったそうです。
　呼吸困難も痛みもなく、旅立ちました。

BONは落ち着いた、きれいな表情をしていました。
　２日後に仏教寺院で簡単な葬儀と火葬をしました。
　私たちは先生が、「BONの幸せを第一に考えなさい」とアドバイスしてくださったことを心から感謝いたします。
　BONは７月中旬から完全に自宅で薬無しで私どもの手でケアをしました。
　薬を止めてから食欲が回復し、体重が増加しました。
　本当にありがとうございました。

●2017年10月17日　BOB先生からの返信
　このようなとても悲しいときにお知らせいただき、ありがとうございます。
　BONの死は私たちにとっても気を動転させるような悲しい出来事です。
　哀悼の意と心からのお悔やみを申し上げます。
　お二人はBONのために尽くされ、BONは安全で心地よく、満足した状態だったと感じていたことでしょう。
　痛みもなく、静かに息を引き取ったことは、お二人に対するBONからの感謝のしるしだったと思われます。
　お二人とともにお祈りします。
　深い悲しみのなか、ゆっくりと普段の生活に戻られますように。

## 2017年11月16日　BOB先生へのお礼の手紙
親愛なるBOB先生

　長い間ご無沙汰して申し訳ございません。

　皆様にはその後お変わりなくお過ごしのことと思っております。

　11月に入り、東京の空は晴れている日が多いのですが、風がとても冷たくなりました。イングランドでもこれから寒い冬を迎えられることでしょう。

　私は考えました「終末期の犬にとって幸せとは何だろう？」と。

　家族の介護、看取り、安心して愛犬が死を迎えられるように、孤独死にならないようにしたい。

　入院は血液検査、心電図、レントゲン、超音波など多くの検査と、その結果により知らない顔のスタッフによる内服薬、注射、点滴、さらには鼻からカテーテル挿入による薬や流動食の注入があります。行われることは人間と同じで、3.5kgの小さな老犬にとって、精神的にも肉体的にも大変辛いことだらけです。

　何種類もの薬の長期投与による副作用（腎臓、心臓、膵臓など）の問題もあり、老犬にとって他の選択肢はないものかと心を傷めました。

　BOB先生をはじめ、犬のいる3人のドクター、セカンドオピニオンをいただいた動物病院の先生、犬の看取りの本など皆同じであった、「犬にとって一番幸せなことを考えなさい」という答えに私は納得しました。

　愛犬BONと過ごした15年4か月。楽しい思い出の共通体験がたくさんあり、「人間の子供だったら中学生になるまで一緒にいてくれて、ありがとう」と感謝しています。

　前日は近くを散歩し、最後の日まで好物を食べ、短い犬の一生は終わりました。

BONが教えてくれたことは「ママだって4種類の風邪薬で味覚障害と強い苦み、口内炎で食欲がなかった。ボクだって同じで、口の中の激しい炎症のため、茶色い唾液と臭い息で、食事も水も何も口に入らなかったんダ」ということでした。
　私自身の苦しかった経験が、BONの病院での点滴と薬の内服をストップさせるという、勇気ある決断を与えてくれました。
　内服薬中止後、6日目には食欲が戻り、夜中に寝ている主人の手を舐めて起こし、食べ物をねだり、細った体がもとの体重に戻りました。
　同時期、私も同じように回復しました。
　10月11日の午後3時頃、BONは最後のひと声をあげて、命が尽きました。
　最後の悲鳴で心臓が止まり、
「ママ、サイナラー！」
と、いさぎよい別れだったと自分を慰めています。
　いくつかの選択肢の中から、老犬のBONに合ったケアを教えてくださった先生、今までのご親切とアドバイスを、本当にありがとうございました。

阿部　孝子

# 第 3 章　BON の病歴

病歴の項目は、病院から説明された診療内容・検査結果をもとに、
夫の協力を得てその一部を記載しました。

**去勢手術（2003年1月）**
手術の予約日、BONをバッグに入れて胸に抱き、
目黒川岸を病院へ向かった。
1月の川の水は静かで濁っていた。
体重3.0kg、麻酔は少し気になるところ。
先生を信頼して、飼い主の決断に不安を持ちながら、
「痛くないよ。夕方迎えに行くネ」
頭を撫でながら言い聞かせる。
私も不安で、さびしく橋を渡っていた。
心情的には、BONは我が子のように思う。

**免疫介在性多発性関節炎（2009年1月）**
三本足で引きずるような歩き方。
そんなときは目つきがきつい。
抱かれるのも嫌がる。
痛さを感じているのだろうか、心配になり、すぐ病院へ行く。
血液検査、レントゲン、関節液の検査の結果、
「免疫介在性多発性関節炎」と診断された。
人間の「関節リウマチ」のようなものか？　難病なのか？
大量のステロイドとアザチオプリン（イムラン）を処方された。

その夜、足を保護するために、白の毛糸でウォーマーをかぎ針で編んだ。

この子は嫌がらずに何回でも試着をしてくれる。
冬のパジャマを手作りしたときも、嫌がらずに首を通してくれた。

散歩を控えて、3日ほど様子を見る。
足の引きずりがなくなった。
その後、病院へ行くほどではないが、
朝、歩行がぎこちないときがあった。
マッサージをしてあげた。
症状は次第に消失し、安心した。

**急性膵炎（2010年3月）**
久しぶりに三本足で引きずるような歩き方をしたため病院を受診。
免疫介在性多発性関節炎の再発との診断で、
前回と同様に大量のステロイドとイムランを処方された。
ところが今回は1年前の時とは違って、
激しい嘔吐と下痢を一晩中認めた。
翌朝、病院を受診。「急性膵炎」との診断で、緊急入院となった。
禁食、持続点滴などの処置で、3日間の入院で済んだ。
退院後、多発性関節炎の治療薬は中止しているのに、
関節症状は出なかったのでほっとした。

**急性膵炎（2013年8月）**
夏の暑い日曜日、深夜から早朝にかけて激しい嘔吐と下痢を繰り返した。
このままでは死んでしまうのではないかと心配のあまり、
行きつけの病院へ駆け込んだ。

血液検査と腹部超音波検査の結果、
急性膵炎と診断されて緊急入院となった。
禁食、持続点滴と注射により快方に向かう。
５日後には退院となった。
病院の的確な処置と、BONの身を預けた先生との信頼関係に感謝。
血液検査で中性脂肪が高いことが判明。
膵炎の治療食と内服薬の指示を受けた。

**ドッグ・ドック検査（11歳）（2013年9月23日）**
１か月前の急性膵炎を詳しく調べるため検査してもらう。
「ドッグ・ドック検査」とは犬の総合的な健康診断のことで、
人間ドックのように「ドッグ・ドック」とも呼ばれている。
症状がまだ出現しない早期に病気を見つけるという考えから、
近年広まっている。
検査項目は病院によってさまざまだが、
主な検査は、診察、尿や便の検査、血液検査、レントゲン、超音波など。
年齢に関係なくどの犬も受けることができるが、
目安は７～８歳以上のシニア期から受けるのが一般的のようである。

**ドッグ・ドック検査（12歳11か月）（2015年5月8日）**
老犬に近づく時期の犬のための健康診断を受ける。
検査の結果、白内障、硝子体変性を認め、点眼薬を処方された。

**ドッグ・ドック検査（14歳2か月）（2016年8月20日）**
　（１）頸椎・腰椎の椎間板ヘルニア（レントゲン所見）

（2）胆のう粘液嚢腫（超音波所見）
（3）右副腎肥大（超音波所見）
（4）両側成熟白内障、硝子体変性（点眼薬による治療を）
（5）蛋白尿（検尿再検査を）、尿沈渣所見・血清クレアチニン・電解質には異常なし
（6）血液検査で血漿総蛋白・尿素窒素・中性脂肪の軽度上昇
（7）軽度肥満（体重4.3kgを4.0kg目標に減量すること）

次回の検査は6か月後の予定
病院はドッグ・ドック検査を勧めるが、
私たちはその必要性と信頼性に疑問を抱いている。

## 僧帽弁閉鎖不全によるうっ血性心不全・急性腎不全（急性腎障害）
## （2017年3月～10月）

咳が続くため病院へ行く。
前には体重増加により気管虚脱が進行したための咳と言われていた。
血液検査、心電図、胸部レントゲン、心エコーの結果、
僧帽弁閉鎖不全によるうっ血性心不全と診断され、
ループ利尿剤（ルプラック）、抗アルドステロン剤（アルダクトンA）、
アンジオテンシン変換酵素阻害薬（エナカルド）を処方された。
しかし1週間後、心不全は悪化し、
急性腎不全を併発していたため入院となった。
急性心不全や急性腎不全に有効とされるカルペリチド（ハンプ）の
持続点滴などの処置で改善が見られたが、急性膵炎を併発していた。

〈表1〉 BONの血液検査結果（2017年）

| （基準値） | 3/8 | 3/18 | 4/5 | 4/12 | 4/21 | 5/5 | 5/19 | 5/27 | 6/26 |
|---|---|---|---|---|---|---|---|---|---|
| 体重 | 3.84 | 3.66 | 3.78 | 3.60 | 3.48 | 3.60 | 3.52 | 3.75 | 3.74 |
| 赤血球（565〜887） | 685 | 666 | 607 | 541 | 515 | 514 | 465 | 460 | 469 |
| ヘマトクリット（37.3〜61.7） | 41.8 | 40.1 | 38.1 | 34.4 | 31.1 | 31.2 | 28.5 | 29.7 | 29.2 |
| ヘモグロビン（13.1〜20.5） | 14.6 | 13.9 | 13.0 | 11.2 | 10.9 | 11.4 | 10.2 | 10.4 | 10.1 |
| 網赤血球（10.0〜110.0） | 21.2 | 24.6 | 21.9 | 13.0 | 12.9 | 28.8 | 23.3 | 40.0 | 46.0 |
| 白血球（5.05〜16.76） | 7.54 | 13.38 | 8.84 | 7.91 | 10.27 | 12.16 | 6.36 | 11.30 | 10.18 |
| 血小板（148〜484） | 282 | 192 | 146 | 282 | 301 | 329 | 316 | 278 | 206 |
| Na（141〜152） | 153 | 149 | 148 | 148 | 154 | 150 | 153 | 150 | 150 |
| K（3.8〜5.0） | 4.4 | 6.1 | 5.1 | 4.2 | 4.6 | 4.9 | 5.4 | 5.2 | 5.2 |
| Cl（102〜117） | 118 | 114 | 107 | 116 | 122 | 109 | 123 | 117 | 120 |
| IP（1.9〜5.0） | 5.6 | 10.8 | 7.1 | 5.9 | 10.7 | 5.3 | 9.6 | 5.2 | 6.4 |
| Ca（9.3〜12.1） | 12.1 | 11.8 | 11.9 | | 11.9 | 12.3 | 12.3 | 11.8 | 12.0 |
| 尿素窒素（9.2〜29.2） | 120.3 | >140 | 86.7 | 110.8 | 140.0 | 84.8 | >140 | 66.2 | 92.4 |
| クレアチニン（0.4〜1.4） | 1.5 | 2.0 | 1.8 | 1.5 | 2.2 | 1.3 | 2.0 | 1.3 | 1.5 |
| 総蛋白（5.0〜7.2） | 7.2 | 6.6 | 7.0 | 6.6 | 7.0 | 7.0 | 7.0 | 6.7 | 6.6 |
| アルブミン（2.6〜4.0） | | 2.7 | 3.0 | 2.7 | 2.5 | 2.8 | 2.7 | 2.8 | 2.8 |
| GOT（17〜44） | | 38 | | | 19 | | | | 30 |
| GPT（17〜78） | | 50 | | | 37 | | | | 33 |
| ALP（47〜254） | | 394 | | | 203 | | | | 164 |
| 中性脂肪（30〜133） | | | | | | | | | |
| 総コレステロール（111〜312） | | | | | | | | | |
| リパーゼ（10〜160） | | 631 | 533 | >1000 | 379 | 326 | 240 | 159 | 174 |
| CRP（0〜1.0） | 0.5 | 1.8 | 0.4 | 0.4 | 1.8 | <0.3 | 0.6 | <0.3 | 0.8 |

経過とともに体重は徐々に減少し、
赤血球・ヘモグロビンの低下から貧血の進行がうかがえる。
尿素窒素の異常値は急性腎不全、
リパーゼの増加は急性膵炎によると診断された。
7月中旬以降通院しなかったため、
7月下旬の最悪状態時や、その後回復してきたときは検査しなかった。

1週間後に退院し、その後は週2～3回外来に通院した。
検査結果は表1のように一進一退の状態で、尿素窒素が140mg/dl程度のときは週2回外来で大量の皮下点滴を受けた。
2～3日の短期入院も2回した。
腎臓の治療食を指示されたが、ほとんど食べなかった。
内服薬は、退院後から6月中旬までは、エナカルド、ピモベハート、バイトリル、ガスター、フォイパン、フランドルを、6月中旬以降はエナカルド、ピモベハート、バルデナフィル、レメロンを処方された（表2参照）。

〈表2〉 BONに処方された薬（2017年）

| | | 適応 |
|---|---|---|
| ルプラック | ループ利尿剤 | 心性浮腫、腎性浮腫、肝性浮腫 |
| アルダクトンA | カリウム保持性利尿剤 | 心性浮腫、肝性浮腫、高血圧 |
| エナカルド | 変換酵素阻害薬 | 僧帽弁閉鎖不全による慢性心不全 |
| ハンプ | ヒト心房性ナトリウム利尿ペプチド | 急性心不全 |
| ピモベハート | ホスホジエステラーゼ抑制作用 | 僧帽弁閉鎖不全による慢性心不全 |
| バイトリル | フルオロキノロン系抗菌剤 | 尿路感染症 |
| ガスター | $H_2$受容体拮抗薬 | 胃・十二指腸潰瘍、胃炎、食道炎 |
| フォイパン | 蛋白分解酵素阻害薬 | 慢性膵炎の急性症状の緩解 |
| フランドル | 虚血性心疾患治療薬 | 狭心症、心筋梗塞 |
| バルデナフィル | 勃起不全改善薬 | 肺高血圧症に有効との報告あり |
| レメロン | ノルアドレナリン作動性・特異的セロトニン作動性抗うつ薬 | 食欲亢進効果を期待して |
| ペリアクチン | 抗アレルギー薬 | 食欲亢進効果を期待して |

点眼液

| | | |
|---|---|---|
| ステロップ | 抗炎症ステロイド点眼剤 | 結膜炎、角膜炎、眼瞼炎、ぶどう膜炎に効果 |
| ヒアレイン | 角膜治療薬 | フィブロネクチンと結合し、上皮細胞の接着、進展を促進、優れた保水性 |

全部内服させるのは困難で、好物の鶏肉やサツマイモ、ホットケーキの中に薬を埋め込んで与えても、薬だけ口から出すので成功率は50％程度だった。薬だけ投与するために動物病院を受診することもあった。

　７月に入り食欲が極度に低下し、中旬以降はほとんど食べなくなった。
　食欲増進のためペリアクチンやレメロンを処方されたが、効果はなかった。とくにレメロンを飲ませた直後に、目が一点を凝視し、足がふらついたのでレメロンの内服は中止した。体重が減少し、筋力も低下したため、排便時、後ろ足で体を支えるのが困難になり、排便のたびに両手で支えてあげた。
　口内炎がひどく褐色の唾液を流出させ、吐く息も臭くなった。

　７月中旬から内服薬も中止した。好物のなかに薬を入れてごまかす方法も、とても嫌がって口を閉じて何も食べず、水も受け付けなくなった。
　体重は３kg以下になり、体を抱き上げたときに骨がはっきり触るようになった。
　足もふらふらで、横になるとき手で助けてやった。
　むし暑さの中、通院はとても無理と考え、「スポーツドリンク」を小さな注射器で、１日数回、合計で70ml程度（約20カロリー）を口の中へ注ぎ込むのがやっとだった。
　６日後いつも用意していた５種類の食物（牛乳、鶏のささ身、野菜スープ、サツマイモ、電子レンジで処理したキャベツ）を急に食べ始め、完食した。
　さらに夜中の２時頃、寝ている夫の手を舐めて食べ物を要求するほどになり、体重も１か月半で回復した。

歩行もしっかりとして、排便時の支えも必要としなくなった。
涼しい日には短い距離の散歩を楽しむまで回復した。

## 突然の別れ

　10月11日の朝は普段通り牛乳と鶏のささ身を食べ、夫が仕事で出掛けるときは玄関まで行って、「仕事に行ってくるよ」と頭を撫でられながら見送った。
　午後は私のソファーの後ろのベッドに横向きに昼寝をして、呼吸困難も痛みも訴えなかった。
　午後3時頃、ひと声叫び声をあげて、息を引き取った。

## BONの病歴を振り返って

　BONの病歴を振り返って、私はつくづく思った。
　彼が若かった頃は病気の検査や治療に全力を傾けるのは当然のこととしても、加速度的に老化が進み、丸くなった背を見て検査や治療はこれでよかったのだろうか。
　とくに鼻から挿入したチューブを取ろうとして、前足でひっかき傷をつくって出血したことや、たびたびの入院がとてもストレスになり、かえって病状を進行させていたのではないかと思う。
　その根拠として、7月中旬に通院も内服薬もやめたところ、疲れていた腎臓が回復し（？）、8月上旬から食欲旺盛になり、やせ細った体が1

か月半で元に戻って、短い距離の散歩が楽しめるようになったことだ。

　自宅での看取りは、飼い主にとっては夜中も心臓が止まってはいないか２～３回チェックをしたり、朝起きてからは歩き方や家の中での行動、食欲、排泄などを観察したりと、目を離せない大変なことばかりだった。一日一日、BONの命のあることの安堵と、いつか迎えなければならない別れの不安のなかで、私たちは彼を胸の中に抱きしめることしかできなかった。

　しかし自宅でできる限りの介護をして、最期の看取りを選択したことに悔いはなく、犬にとっても一番の幸せではなかったかと、自他ともに確信した。


## 欧米での犬の緩和ケア

　ここでアメリカの緩和ケアの例を挙げておきたい。
　ロビン・ダウニング先生（Robin Downing：獣医学博士、動物理学療法士）は、犬の緩和医学／緩和ケア（palliative medicine／palliative care for dogs）について、次のように述べている。
「緩和医学（緩和ケア）とは長く生きられない病気をもった犬に対して、根治治療を中止した後のケアについての哲学である。癌、糖尿病、慢性腎疾患、うっ血性心不全などの犬に対して、今までは治癒する希望がないのに長期にわたって治療してきたが、最期が近づいている犬に対して、痛みや不安を和らげ、動きやすさを保ち、家族のなかに犬が溶け込めるような心地よい環境を整えることである。
　痛みを和らげることが最も大切で、そのためには薬剤投与が重要であ

るが、獣医の指示によりサプリメント、医学的はり治療、マッサージ、治療的レーザー、カイロプラクティック、理学療法などのいずれかが選ばれる」

　また、イギリスの犬のホスピスでは、緩和ケアの哲学に基づいて、治癒が不可能な病気の犬の最終段階のケアをサポートしている。ホスピスの本来の目標は、犬とその飼い主に最高の生活の質（quality of life）を達成させてあげることである。犬と飼い主の自宅を訪問して、死を迎えるまで積極的にすべてのケアを行い、指導をすることが究極の目的とされている。

　BONの最後の3か月間に自宅で行ったケアは、ダウニング先生の犬に対する緩和ケアの哲学と同じであり、私たちの選択が間違いではなかったと再確認した。

　わが国では、犬の緩和ケアの哲学にもとづいた医療はまだあまり行われていない。また、イギリスの犬のホスピスとは異なるが、高齢のペットに対して訪問型のペット介護／看護を行っている施設や、老犬を飼い主から引き取って、死ぬまで面倒をみる「老犬ホーム」が出現している。

第4章　動物病院は何か違うのでは

# 老犬の治療

　犬や猫の寿命も、主に室内で飼育されている現在は15歳前後にまで延びている。一部の動物病院ではCTやMRIなど人間と同じような高度医療機器が備えられていて、各種の検査や薬品もかなり充実し、高度な診療が受けられるようになっている。

　病気の犬が動物病院を受診すると、診察、血液・レントゲン・超音波検査などをして、数時間後には検査結果、診断、治療方針の説明が受けられる。

　獣医療の発展と進歩が、動物たちの健康と寿命を飛躍的に向上させたのは喜ばしいことであるが、寿命が延びるにつれて、昔では考えられなかった問題も起こり始めている。どの子も避けることができない「ペットの老後」問題である。

　BONの老後に向き合い、「老犬の治療とケア」について感じたことや疑問に思ったことなどを以下に列挙する。

### ■回復の見込みのない老犬を入院させ、根治治療を試みる問題
　――ICUと称される小さなケージの中で治療する。頻回の検査や持続点滴など、ただ人間の医療を追いかけているだけ。

　これでいいのだろうか？　人間と犬は何か違う。小さなペット達が人間とまったく同じとは言えない。加速度的に老化する犬のことを考慮すべきである。老犬の治療はどうしたらよいかについては、病気の治癒の可能性があるのか、先の見通しを十分検討したうえで獣医と犬の飼い主が話し合って方針を決定すべきであると思う。

### ■血液検査データにより診断と治療法を決定する問題

　——犬には問診ができないことを考慮しても、血液検査結果の数値に頼り過ぎではないだろうか？　頻回の血液検査の結果で判定することも必要とは思われるが、犬の状態をじっくりと経過観察することが最も大切であると考えられる。

### ■食欲不振の老犬に鼻腔カテーテル挿入による流動食と薬の注入、胃瘻手術を勧める問題

　——食欲不振の原因となっている病気に対しての治療を試みることが大切と思われる。胃瘻手術を勧めることは手術の適応を広げ過ぎではないだろうか？

### ■薬の作用・副作用、7～8種類の薬の併用による複合作用など未解決の問題

　——犬専用の治療薬はほとんどなく、人間の薬を犬の体重比から投与量を算出する方法が行われている。そのため、おそらく過剰投与によると思われる腎・心・膵臓などに副作用が頻発していると推測される。また、皮膚アレルギーで治療食を長く続けている犬も多いようだ。

　老犬の場合、加齢による肝臓の解毒作用や腎機能の低下、低アルブミン血症などにより、与えられた薬の血中濃度が予測より高くなる可能性もあり得る。

## 自宅介護を決心する

　入院中は狭いケージの中で過ごし、飼い主にたまにしか会えない。そのため多くのストレスで苦しんでいても、それを訴えられないでいる。
　犬の一生は短いが、あまりにも病気の犬が多い。日本アニマル倶楽部の死因統計によると、犬の場合、癌が１位（54％）で、２位心疾患（17％）、３位腎不全（７％）と続く。日本人の死因も男女とも癌が１位である。残念ながら、犬の症例の追跡データがまだまだ少ない。
　治癒しない老犬の病気は長期にわたるため、治療費、とくに入院費用もかかる。見通しにより、獣医はときに安楽死を勧める。コントロールできない痛み、苦痛や不安を取り除く一方法ではあるが、飼い主にとって安楽死を選ぶことはとても難しい問題だ。
　安楽死には長い歴史があり、国によって犬の生きる権利、飼い主の義務については考え方が異なる。
　安楽死とはきつい言葉であるが、アメリカの表現では「眠らせよう。」ともいうそうである。
　〈例文〉The vet put our dog to sleep after it got inoperable cancer.
　（獣医は私たちの犬が手術不可能な癌にかかった後で安楽死させた）


## 私の選択肢として参考になったこと

　BONを自宅で介護するかどうかについては、ずいぶん悩んだが、最終的に自宅でのケアを選択した。その際、参考になったのは、
　（１）「犬にとって一番幸せなことを考えなさい。どうすればよいか、

方法が思い浮かびます」（BOB先生のアドバイス）
（２）老犬が病気になったとき、犬の嫌がることやストレスになることはできるだけ避けよう。
（３）イギリス人のドクター、犬のいる３人の日本人のドクター、セカンドオピニオンを貰った動物病院の先生、犬の本などすべて自宅介護を勧めていること。

　こうしたアドバイスや励ましで、決心がついた。

# 第5章　人と動物が豊かに暮らせる環境を

## 公園活動を始めたいきさつ

　中目黒公園ができた時と同じ2002年にBONが誕生した。

　小さい犬種を飼うのは初めてだったので、どのように接していいのか、ドッグフードの選択から悩んだ。

　何冊かの本の中に『ドイツの犬はなぜ幸せか』(グレーフェ或子著・中公文庫)という本に書かれていた「犬と子供はドイツ人に育てさせろ」「犬の良し悪しは飼い主次第」といった言葉が目にとまった。

　ドイツでは、犬のしつけの学校があることや、飼い主の教育、保護者としての義務、また犬の権利や犬税などについて厳しい法律があり、それらはとても細かく規定されていて、農林省では法律作りが困難だったということを読んで、自分の好みや癒しの都合で安易に犬の命と向き合うことは、とても重いことと考えを深めた。

　ワンちゃんのママ友3人のお喋りから、「中目黒公園内グラウンドで犬も遊ばせてもらえるようにしよう」ということになった。それにはルールを作る必要があるということで、私たち犬のママ友と意見交換を公園の集会室で行った。
- 公園の運営に協力し、私たちの活動に協力してもらえるよう、公園の自然を大切にしよう。
- 人に迷惑をかけないよう。
- 公園利用者全体が理解を深められるよう努力しよう。

　など、沢山の意見が出された。

　その後も目黒区の公的施設で夜に会議を重ね、皆とファックスのやり取りをして意見を詰めながら、「ハローワンチャン」のお知らせのビラ

を配るなど、公園を利用する人たちの理解をどう深めるかを相談した。

## ワンワンクラブ発足

　会社の会則、社報に詳しく、パソコンに手慣れた男性に会の代表になっていただき、会則も作った。
　私たちは協力者となって会（会名「ワンワンクラブ」）は発足した。2004年のことである。
　目黒区と公園管理事務所に届けて許可を受け、代は替わっても現在も受け継がれている。

中目黒公園。BONは幼犬の頃、ほとんど毎日来てボールを追いかけて走りまわっていた

その後、グループは、住所が変わる人や、ワンちゃんが高齢になって遊べなくなるなどの事情もあったが、現在も目黒川沿いの歩道や公園のまわりを掃除したり、枯れ葉や汚物を拾う活動を続けたりしている。時々ドッグランのコーナーを開き、公園の中での活動に理解を求める努力もしている。私は目黒区から引っ越したため協力できず、申し訳なく思っている。

「ハローワンチャン」のお知らせのビラ
　その当時、私たちが力を合わせて作った「ハローワンチャン」のお知らせのビラが手元にあるので、全文を記載します。

ハローワンチャン

お知らせ

この度、皆様のご協力のもとに『ワンワンクラブ（犬の会）』を
発足する事が出来ました。
公園で犬と人の環境を考える

犬の幸せって？
心の環境って？
人と犬、鳥、虫、草、木が自然に共存できて豊かな心で人にやさしく……

こんな多くの人の感じていることを、お話する会にしたいと思います。
気軽に、楽しく、有意義な時間をご一緒しましょう！

ワンワンクラブ一同

| 今 | **中目黒公園で話し合っていることは……**

1．犬の問題
　糞、尿の始末が悪い。基本的にしつけができていない犬がいる。
2．犬の社会性
　犬と犬、人と犬が遊ぶことにより犬は社会性を養うが、遊び、走るスペースがない。
3．心の環境
　公園を箱として物理的感覚重視も良いが、人と人、犬、鳥、虫、草、木などとの触れ合いを通して心を癒やす空間が欲しい。

| 益々 | **成長してゆくペット産業が命を販売する尊さを感じて欲しい**

　ペットオーナーとペット産業に携わる人は、ペットと人間が共存できる社会的環境までも広く考え、生命の終わりまで責任と愛情を持つことが大切と感じる。
　癒やしを受けたり、社会で活躍しているワンちゃん（警察犬、盲導犬、介護犬、被災地で活躍する犬など）に「ありがとう」というあふれる気持ちから、私たちにできることを考えていきたい。

| 協力 | **協力とイメージアップ**

　ペット産業が拡大している今、地域社会にワンちゃんを販売することだけではなく、アフターケアに結び付くご協力をお願いしたい。
　1．糞を入れるバッグ（マナーバッグ）
　　安価で購入数が増えればマナー向上につながる。
　2．基本的な犬のしつけについて
　　集会の時、お話して頂きたい。

以上のことは、お店のイメージアップと利益につながるのではないでしょうか。
　ご賛同をお願いします。

---

ワンワンクラブのFAX

## 安心・安全な公園を守っていきたい

「フワフワと暖かい空気を感じて、虫たちもみな目を覚まし、土の中から顔を出す。
　ここは公園だ。

ボクは鼻をクンクン土につけ、『こんにちは！』」

　有機肥料を使用し、殺虫剤、除草剤を使わない公園で、ワンちゃんたちは土とクローバーの葉っぱをちょっと食べてみて、「ここはいいかなー？　安全かなー？」と確かめているのだ。
　人と犬が一緒にさりげなく出会う場所、安心して遊ぶことができるように、化学剤を使わない安心・安全な公園を守っていきたい。
　土地に一旦、化学物質を入れると、長い年月、土壌が浄化されにくい。
　中目黒公園では原則として有機肥料を使用し、農薬は使わない。
　茶毒蛾が椿の木に発生する時も、殺虫剤を使わずに手で取り除くそうだ。
　幼児やサッカーの子供たち、車椅子で散歩中の人にとっても、犬にとっても安全な公園といえるだろう。
　人と社会が成熟した環境を望みたい。
　現在、目黒区には「ささえあう生命（いのち）の輪（わ）　野鳥のすめるまちづくり計画」を2020年までに計画達成する課が区役所内にある。


## 犬の散歩と農薬について〈除草剤で癌になった犬の例〉

　犬の癌を発生させた例がある。サンフランシスコ州で、除草剤をまいた後に犬を散歩で連れて行ったところ、癌になってしまったという話を、サンフランシスコに在住の方から聞いた。市の条例では除草剤散布が禁止とされているにもかかわらず散布されて、犬が鼻と口の癌になり、8歳で亡くなったのだ。

飼い主の女性は条例に違反した市を告訴し、勝訴を勝ち取ったと新聞記事（2015年）に出ていたそうだ。勇気ある女性（Victoria Hamman先生）である。

　この話を教えてくれたサンフランシスコ在住の方から後日手紙を頂いた。同封されていた「San Francisco Forest Alliance」の記事を要約する。

　犬の飼い主や他の活動家のおかげで、除草剤（グリフォサート）のラベルに"健康被害がある可能性"の文字を全米ではじめてカリフォルニア州が入れる予定だそうです。サンフランシスコ市にも働きかけている最中のようです。

　除草剤製造元の某社はアメリカ政府に守られた世界的大企業で、それを相手に戦いを挑むことは、簡単ではないようです。

　しかし、彼女は最後に、マーガレット・ミード（Margaret Mead アメリカの文化人類学者）のことばを引用して、決意表明をしています。

　——少数の心ある人々が世界を変えるとは決して思えないでしょう。
　　しかし、かつて世界を変えてきたのは少数の心ある人々なのです。
"Never believe that a few caring people can't change the world. For indeed, that's all who ever have."

# 除草剤の危険性について

　夫の調べによる「除草剤の危険性」に関する記事をいくつか紹介したい。はじめに北海道大学大学院獣医学研究科毒性学教室の石塚真由美先生が日本獣医学会のホームページに書いている記事である。

　それによると、犬の除草剤中毒では、一般的に「有機ヒ素系農薬」が原因とされていることが多いが、その薬剤は現在、国内では使用されていない、とのこと。
「中毒研究」27巻4号、364−369ページによると、2003年〜2012年の10年間の調査で、動物病院から回答のあった1,623例のうち、農薬による中毒は104例あり、その中で除草剤が原因となる中毒事例は14例（内訳は、グリフォサート7例、パラコート2例、その他5例）であり、なお、犬で中毒を起こしている農薬は104例中殺虫剤が62例と最も多いことが報告されている。

　除草剤として多く使用されているグリフォサートの効果は、薬剤が葉や茎から取り込まれ、植物のタンパク合成を阻害することで植物を枯らしてしまうそうだ。
　この代謝経路は植物にしかなく、動物には影響がないために比較的安全な農薬と言われている。しかし、まったく無害ということではなさそうだ。
　グリフォサートの毒性については、各国で動物実験が行われ、数週間の短期実験では大きな問題はあまりなく、発癌性もほとんどないとされている。

一方、長期間の実験では、低濃度であっても腎臓や肝臓の障害が認められたり、発癌性や奇形となる可能性が報告されたりしている。

　また先程の「San Francisco Forest Alliance」の記事から以下のことがわかった。
　生物工学の進歩により、多くの遺伝子組み換えされた農作物は除草剤が作用しないように作られている。その結果、農場経営者たちは遺伝子組み換え農産物を使用し、雑草を取り除くためにより多くの除草剤を散布するようになったため、農作物中の残留除草剤の量が大豆では過去10年で3倍以上に増加しているとの報告もある。
　大豆やトウモロコシの大部分は動物の飼料になって、摂取した牛や豚の脂肪に残留除草剤が蓄積され、それを消費する人間やペットが残留除草剤にさらされる結果になる。
　除草剤は、ヒトでは癌、内分泌障害、腎障害などの臓器障害、新生児障害などをきたすことがあると報告されている。

## 殺虫剤は犬にとって毒性が非常に強い

　除草剤同様、殺虫剤も犬にとって非常に毒性があることが知られている。殺虫剤には有機リン系、カルバメート系の薬物があるが、とくに最も多く使われている有機リン系殺虫剤は、動物の神経機能をマヒさせる農薬なので注意が必要だ。
　筋肉を興奮させ、神経伝達に重要な働きをするアセチルコリンを分解する酵素コリンエステラーゼの働きを抑制する。その結果、アセチルコ

リンの過剰な状態が生じる。
　有機リン系殺虫剤を飲むか、皮膚に付いただけでも呼吸困難、よだれ、筋肉のけいれんやマヒ、徐脈などの中毒症状が出て、重症例では肺水腫、昏睡となり死亡することがある。
　治療は、殺虫剤を摂取してすぐの場合には、吐かせたり、消化管洗浄や活性炭投与による毒物の吸着などを行う。
　時間が経過している場合には、輸液、アセチルコリンの作用を抑える硫酸アトロピンや抗痙攣剤（痙攣がみられるとき）の投与を、さらに重症の場合には呼吸・循環の管理が必要となる。殺虫剤による中毒は緊急な処置が必要であり、疑われる場合にはすぐ動物病院へ連れていくことが大切である。
　なお、虫を寄せ付けない樹木の抽出成分、フィトンチッドの作用を活用して虫よけをする方法もある。


## 犬の食材に含まれる危険な添加物

　ドッグフードや犬のおやつには、防腐剤、保存料、発色剤、着色料など、さまざまな添加物が使用されている。
　添加物は食材を長持ちさせることや、人工的なにおい、味に加工する目的で使われている。ドッグフードのコーティングで犬が食べやすくしているが、決して健康食ではない。しかも、使用される添加物の表示は、人間の場合のような厳しい義務づけがない。
　長期間与えられたときの化学物質の摂取と犬の病気との関係、とくにアレルギー疾患や癌の発症などとの関係は、まだ完全に解明はされてい

ないが、重要な問題だと思う。私は人間の口に入る化学物質の危険性を重視してきたことから、犬（その他の動物）にとっても同じだと考えている。

　動物が安心して暮らせる環境こそ、人間にとっても快適な環境だと思う。

　動物だけでなく、地球上に生きるすべての動植物は私たち人間の命とつながっている（連鎖と循環）。

# 第6章　犬のしつけ、諸外国と比べて

## 犬の幼稚園

　日本では「犬の幼稚園」があることを知っている人はまだ少数だが、欧米諸国では幼犬のときに犬を教育することの重要性が広く理解されているので、幼犬を犬の幼稚園に入れることは珍しくない。

　その目的は、「集団の中で、犬同士の遊びの中から社会性や危険性を身につけさせる」ことと、「人間の家族の中で、飼い主の命令に従ういくつかの訓練としつけを覚えさせる」ことにある。

　我が家では、BONはしつけや社会性を身につけさせるのに苦労しなかったが、LONはやんちゃで、まったくお手上げの状態だった。BONが幼犬の頃に住んでいた地域と比べて現在のところには公園が少ないためにワンチャングループができにくいことと、飼い主の情報交換がないことも影響していると思われる。

　困り果てていた時、インターネットで犬の幼稚園のことを知り、BOB先生の勧めもあって入園させたところ、ベテランのトレーナー先生のおかげでかなりよくなった。LONの変化を目のあたりにして、幼犬教育の必要性を痛感している。例として、

- アイコンタクト（じっと目と目を合わせて話を聞く）
- コマンド（命令に従う）

**〈LONの登園している幼稚園での1日のスケジュール〉**
- 午前11時　登園
- 健康チェック（目、鼻、口、耳や足の裏などを見て、触って確認する）
- 遊びと学び（犬同士のじゃれあいから噛む加減やコミュニケーションを学び、遊びの中から社会性やマナーを身につける）

- ランチタイム（基本指示「まて」など、楽しみながら学ぶ）
- お昼寝（クレートの中で安心して休めるためのクレート・トレーニング。災害時など避難所に行ったり、安全に車や電車に乗せるためにも大切なトレーニング）
- 散歩（いつもリードが緩んだ状態で飼い主と並んで歩けるトレーニング）
- グルーミング（グルーミングを通してどこでも喜んで触らせる練習をする。清潔を保つため、目の周りや口元、おしり周りなどを拭かれたり、ブラッシングされることが楽しいと教える）
- 午後6時過ぎ　帰宅

# 犬のしつけの学校（ドイツ）

　ドイツでは多くの犬が飼い主と一緒に街中を自由に歩き、バスや電車はもちろん、カフェや高級レストランにも入ることが許されています。それというのも、ドイツの犬はしつけがしっかりなされているからです。
　ドイツ人は、犬のしつけは飼い主の責任と考え、多くの人が犬を「しつけの学校」に入学させているそうです。とくに中型犬以上が多いようです。

「しつけの学校」は生後8週間から1年半頃までかかるそうですが、その間にしっかりしつけがなされるために犬同士のケンカや無駄吠えがなくなるので、街中でも安心して連れて歩け、レストランも同伴できます。
　しつけ以外にも、ドイツでは犬に関する法律が厳しく定められている

こ␣とも、人と犬が快適に暮らすことができる大きな要因になっています。
　動物保護を政策の中心に置く、「動物保護党」という党が1993年に結成され、積極的に動物保護に取り組んでいます。
　動物保護党によって、動物の保護に関する法律も厳しく定められていて、たとえば、檻のサイズは犬の大きさや種類によって決められ、鎖で繋いでおくときや散歩時などのリードの長さも決まっています。また外の気温が21度以上の時は「車の中に犬を置き去りにしてはいけない」というルールもあります。
　殺処分は禁止されていて、不治の病で激しい痛みを伴うなど合理的な理由がある場合のみ安楽死が認められています。
　また日本円にして年間2万円前後の「犬の税金」の支払いが飼い主に義務付けられています。
　動物保護法がドイツでは1933年に、イギリスでは1911年に制定され、アメリカでは動物福祉法が1966年に制定されています。日本でも動物愛護法は制定されていますが、初めて動物愛護管理法という名で成立したのは1973年のことでした。
　ドイツの犬の本が参考になりました。


## 飼い主の教育　なぜ大切でしょう

　人と共存するためには、道路や公園での糞尿の後始末を徹底して行い、十分な水をかけるなどマナーを守り、犬の道しるべとなる外のトイレもできるようにしよう。
　犬の教育と同時に飼い主の教育も大切である。

飼い主としての義務と責任を自覚し、犬についての知識を深めることが必要であり、そのためには飼い主同士の情報交換も欠かせない。

　イギリスやドイツでは、犬のしつけ教室と同時に飼い主の教室があり、飼い主教育のほうに重きが置かれているそうだ。

　最近、日本でも飼い主の教育が時々行われ、世田谷区の婦人が、「私も教育されてきました」と言っていました。日本でもイギリスやドイツのように一般的になることを望みます。


## 犬の動物的本能を知る

　犬の飼い主は犬の動物的本能を知っておくことが大切だと思う。

- 犬のストレス。考えられる原因としては、散歩や運動不足、犬仲間とのコミュニケーション不足、動物病院嫌い、老化による体の不調（痛い、苦しい、辛い）など。とくに、家族の一員として人に合わせた生活環境の中でストレスを受けやすい。ストレスが高じると、噛み癖、尻尾を噛む、吠える、脱毛など病的なまで進行することがある。犬の行動により察知しよう。
- 家族による私物化や擬人化が、犬にとって自然な本能の発揮を邪魔していないだろうか？
- 口から入るものの危険性を察知。傷口を唾液で治す。
- 感覚器の敏感性……。犬の嗅覚能力は人間の約100万倍とも言われている。
- 犬は言葉で言えないので、サインをよく観察して、犬の言いたいこと

を理解してあげよう。
- 感情の表現（目、顔、尻尾、歩き方など）。
- ひたすら飼い主（パートナー）を愛し、人間に寄り添う一番の動物。
- 犬の平均寿命14〜15年を生きる権利と幸せを常に考えたい。

# 「犬の十戒」

「犬の十戒」といって、ペットとして飼われることになった犬と、飼い主との望ましい関係を、犬が人間に語りかける内容の文章がある。

　私も以前、新聞で読んで知っていたが、作者は誰なのかわからないままだった。

　今回、この本を書くにあたって調べたところによると、ノルウェーのMrit Teigenという犬のブリーダーが、犬の買い手に渡している「犬からご主人への10のお願い」（"The Ten Commandments of Dog Ownership）という英文の詩が元であることがわかった。

　その詩が作者不詳のまま広く伝わっていて、日本では「犬の十戒」と訳されていたのだ。だが、一説によると、この話も定かではないらしい。

　飼い主の教育にふさわしいと思われるので、原文とその訳文を記しておきたい。

《原文》

**The Ten Commandments of Dog Ownership**

1. My life is likely to last ten to fifteen years. Any separation from you will be painful for me. Remember that before you get along

with me.
2. Give me time to understand what you want of me.
3. Place your trust in me- it's crucial to my Well-being.
4. Don't be angry at me for long and don't lock me up as punishment. You have your work, your entertainment and your friends. I have only you.
5. Talk to me. Even if I don't understand your words, I understand your voice when it's speaking to me.
6. Be aware that however you treat me, I'll never forget it.
7. Remember before you hit me that I have teeth that could easily crush the bones of your hand but I choose not to bite you.
8. Before you scold me for being uncooperative, obstinate, or lazy, ask yourself if something might be bothering me. Perhaps I'm not getting the right food or I've been out in the sun too long or my heart is getting old and weak.
9. Take care of me when I get old ; you, too, will grow old.
10. Go with me on difficult journeys. Never say, "I can't bear to watch it." or "Let it happen in my absence." Everything is easier for me if you are there. Remember I love you.

《訳文》
## 犬からご主人への10のお願い
1. 私の一生はだいたい10年から15年。あなたと離れるのが一番つらいことです。どうか、私と暮らす前にそのことを覚えておいてほしい。
2. あなたが私に何を求めているのか、私がそれを理解するまで待って

ほしい。
3. 私を信頼してほしい、それが私の幸せなのだから。
4. 私のことを叱り続けたり、罰として閉じ込めたりしないでほしい。あなたには他にすることや楽しみがあって、友達もいるかもしれない。でも、私にはあなたしかいないから。
5. 話しかけてほしい。言葉は分からなくても、あなたの声を聞けば何を言ってくれているか理解できます。
6. あなたがどんな風に私に接したか、私はそれを決して忘れません。
7. 私を殴ったり、いじめたりする前に覚えておいてほしい。私は鋭い歯であなたを傷つけることができるにもかかわらず、あなたを傷つけないと決めていることを。
8. 私が言うことを聞かないだとか、頑固だとか、怠けているからといって叱る前に、私が何かで苦しんでいないか考えてほしい。もしかしたら、食事に問題があるかもしれないし、長い間、日に照らされているかもしれない。それとも、もう体が老いて、弱ってきているのかもしれないと。
9. 私が年を取っても、私の世話をしてほしい。あなたもまた同じように年を取るのだから。
10. 最後のその時まで一緒にいてほしい。「もう見てはいられない」「いたたまれない」などと言わないでください。あなたが側にいてくれることで私は安らかに旅立てます。忘れないでください。私はあなたを愛しています。

　これを読んだときに私は感銘を受けました。私が犬を育てる一つの指針となります。

第7章　回想録

死後、台の上に寝間着姿で、保冷剤で作った布団に寝かせて、口の中と肛門の汚物をふき取り、綿棒で歯を磨き、死に顔を撫でながら話しかけた火葬までの２日間が、私の心を落ち着かせ、物体として意識して離れていく別れを、自分の辛さにとじこめようとしていました。
　足を握りしめると、肉球が15年の歳月によって固く、色も黒くなり、よく歩いたことを思い出します。仙台のお墓参りも２回行き、桜の花の下でお弁当を食べました。手荷物の切符で、新幹線のふたりの席の間でバッグの中から顔だけ出して、吠えもせずに往復３時間半の長旅をしたこともありました。
　JR、地下鉄、バス、タクシーなど乗り物が大好きで、静かに私の胸のところでバッグから顔をのぞかせ、人混みの中を移動していました。
　好き嫌いでは、女子生徒の甲高い声が大好きでした。交差点で信号待ちをしている女子生徒の集団を見つけると、すぐ足元に寄って行き、声をかけてくれるまで見上げていました。男性の低い声は嫌いでした。
　足取り軽く公園で一緒にブランコに乗りました。ゾーサン、ゾーサンと歌いながら。BONは可愛かった。
　BONとベランダで日光浴するのが日課でした。
　彼の目は白く濁って、背が丸くなった老犬の姿です。遠くは見えないけれど、鼻をピクピクさせて外の空気の匂いを嗅いでいます。東京タワーやレインボーブリッジの景色や空の雲の流れを眺めながら、「元気になって、遠いところまで散歩に行きましょう」。
　BONとの朝の会話でした。
　今宵は皆既月食です。満月がだんだん欠けていく瞬間が、暗闇に消えていくBONの顔、そして小さな短い命と重なり、不思議に赤みをおびた月の中のBONを思い浮かべていました。

　今は私の手の届かない宇宙にいる。またfull moon（満月）のときに会いましょう。
「BONちゃん、ママに問いかけてね」
　あなたは広い宇宙で、大好きなボールを口にくわえて走り回っていることでしょう。

　有栖川老人ホームでのボランティアコーラスの帰り、隣の有栖川宮記念公園はBONのいつもの散歩コース。図書館の前の広場、木々の茂った小道、蛇のお出迎えもありました。
　池の中の水鳥の声。
「ここでボール遊びができるかな？」と首を傾げているBONの姿を思い出して、

有栖川宮記念公園。この公園の中にBONの好きな遊び場所がいくつもあった

「BONちゃん、ここよ、ママの所に来て。BON、BON、亀さんになっちゃったの?」
　池を見て大声で、人目もはばからず呼んでみた。
　小さなワンちゃんに出会って、涙が出て仕方ない。
　犬は言葉のない家族として分かってあげたかった。
　BONは私にもっともっと沢山言いたいことがあったでしょう。
　犬には表現する言葉がない。老犬であっても犬の生きる幸せと権利を飼い主の義務として守ってやりたい。愛してやまない愛犬家の一人として。

　何年も前、私たちがブダペストから帰国して、いち早くBONの顔を

見たくて、頼んでいた犬のホテルからBONを引き取り、歩いてBONのブリーダーさんの所へ寄って、成長したBONをお見せしました。彼は忙しそうで、生まれて一週間の犬の赤ちゃんの世話をしていました。

　お母さん犬はけなげにケージの中で3匹の子にオッパイを与え、まだ目も見えない赤ちゃん犬はオッパイを探っていて、グレーのネズミのようで毛もあまり生えていない皮膚をしていました。

　ケージから赤ちゃんが出そうになると、母犬は口でくわえて外に出ないように引き戻し、その様子に私は胸が熱くなり、「この子は私たちの家で育てましょう」。夫が先に決断しました。

　それでも2匹を世話することは2倍の手間がかかることになり、これからの私たちの老体を考えると自信がありませんでした。しかし、犬の親子との出会いで感情が先になりました。

　ブリーダーさんに約束の条件を入れてもらいました。私たちの健康上の理由と、住所が変わって飼い主になれなくなった時、この子（犬）を、責任をもって幸せに育ててほしいというお願いを承諾して頂きました。

　そして別れを覚悟する時のために、この子（LON）の成長日記を少し綴り、後に渡したいと思っております。BONの日記がなかったことは残念に思います。

　2回目の予防接種が終わった時に子犬との運命的出会いとなり、家族の一員となりました。BONは13歳離れた弟が我が家にやってきて、最初は「君は何者か？」と戸惑っていたようです。

　名前もBONからONを取ってLONと命名しました。家族が増えて幸せですが、また試行錯誤、個性の全く違う犬を育てることになりました。LONは体育会系、BONは頭脳的遊びで、2頭飼いの楽しみ方も学びつつ……。

戦後の時代から長きにわたり犬と共に家族が自然に生きてまいりました。犬の代は替わり、犬種も多く思い出され、いつもそばにいてくれた【きみたち】。生活を潤し、尊い命と、喜びを与えてくれてありがとう。

## おわりに

　BONは薬の副作用と複合作用を私に教えてくれました。薬の内服を中止した結果、私の口内炎と彼の口の中の炎症が完治しました。
　犬の偉大な発見にノーベル賞をと勝手に思い、BONを可愛がってくださった方々にお知らせさせていただきます。

　飼い主からの感謝をご褒美にかえて、BONに捧げる本といたします。
　最後に、この本の出版に際し、遠く離れた国々から温かく応援の旗を振ってくださった方々、医学的な知識とスケッチや写真で協力してくれた夫、そして文芸社の越前利文様、塚田紗都美様、編集協力の平盛サヨ子様、一冊の本を作るに当たって皆様のお力添えを感謝いたし、お礼申し上げます。

2018年8月

阿部孝子

## 参考ホームページ

- 日本獣医学会（Q&A、「除草剤の犬への影響（中毒）」
  (http://www.jsvetsci.jp/10_Q&A/v20160512.html)
- 「Palliative Care for Dogs」Robin Downing
  (https://vcahospitals.com/know-your-pet/palliative-care-for-dogs.)
- 「The Hospice Vet」Supporting Vets, Pets and their Families through the End-OF-Life Experience
  (http://www.thehospicevet.uk/)
- 「San Francisco Forest Alliance（Did "Round Up" Kill My Dog ?）」
  (http://www.sfforest.org/?s=Round+up)


## 参考文献

グレーフェ或子著『ドイツの犬はなぜ幸せか　犬の権利、人の義務』（中央公論新社）

『イヌ・ネコ　家庭動物の医学大百科 改訂版』（パイインターナショナル）

『今日の治療薬2017 解説と便覧』（南江堂）

Amir Shanan, Tamara Shearer, Jessica Pierce：*Hospice and Palliative Care for Companion Animals：Principles and Practice*, USA：John Wiley & Sons, Inc.

**著者プロフィール**

**阿部 孝子**（あべ たかこ）

1940年　東京生まれ
趣味　水墨画、書道、彫刻、着物着つけ指導・研究、ゴルフなど多彩
犬と共に人生
「食のコンシェルジェ」の資格取得により食の安全性と食を取り巻く環境を学ぶ

犬にとって一番幸せなことを考えなさい
――どうすればよいか、方法が思い浮かびます

2018年10月11日　初版第1刷発行

著　者　阿部 孝子
発行者　瓜谷 綱延
発行所　株式会社文芸社
　　　　〒160-0022　東京都新宿区新宿1-10-1
　　　　　　　　電話　03-5369-3060（代表）
　　　　　　　　　　　03-5369-2299（販売）

印刷所　図書印刷株式会社

©Takako Abe 2018 Printed in Japan
乱丁本・落丁本はお手数ですが小社販売部宛にお送りください。
送料小社負担にてお取り替えいたします。
本書の一部、あるいは全部を無断で複写・複製・転載・放映、データ配信することは、法律で認められた場合を除き、著作権の侵害となります。
ISBN978-4-286-19495-0